U0045824

圖解中國史

—商貿的故事—

米萊童書 著／繪

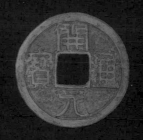

身邊的生活，折射文明的多樣旅程

　　小讀者們，如果你的面前有一個神奇的月光寶盒，可以帶你去歷史中的任何一個地點，你最想去哪裡呢？

　　中國有五千年的悠久歷史，在這歷史長河中，有太多的故事、英雄、創舉、科技值得我們回望與讚嘆。可是當月光寶盒發揮魔力的那個瞬間，你又如何決定自己究竟要去何時何地呢？

　　細心的孩子一定不會錯過歷史長河中與生活息息相關的精彩片段。沒錯，我們生活中的各種事物是連接過去與現在的媒介，它們看似再平凡不過，卻是我們感知外部世界的途徑。因為熟悉，當我們追根溯源時，才更能感受到時代變遷帶給我們每一個人的影響。

　　這一次，作者團隊邀請歷史學家、畫家們一起嘗試，打造身臨其境的場景，帶領我們走進歷史！作者團隊查閱了大量史學專著、出土文物、歷史圖片，以歷史為線索，同時照顧到了大家的閱讀興趣，在每一冊每一章，以我們身邊最常見的事物為切入點，透過大量歷史背景知識，講述文明發展的歷程。當然，知識只是歷史中的一個點，從點入手，作者團隊幫助我們延伸出更廣的面，用故事、情景、圖解、注釋的方式重新梳理了一遍，給大家呈現一個清晰的中國正史概念。

　　書中的千餘個知識點，就像在畫卷中修建起了一座歷史博物館，有趣的線索就像博物館的一扇扇門，小讀者們善於提問的好

奇心是打開它們的鑰匙，每翻一頁，都如同身臨其境。大家再也不必死記硬背，只需要進行一次閱讀的歷程，就可以按下月光寶盒的開關，穿越到過去的任何時間和地點，親身體驗古人的生活。我們藉由這種方式見證文明的變遷，這是一場多麼酷的旅行啊！

　　一個時代的登場，總是伴隨著另一個時代的黯然離去，然而看似渺小的身邊事物，卻可能閱歷千年。生活記錄著歷史一路走來的痕跡，更折射著文明的脈絡。在歷史這個華麗的舞臺上，生活是演員，是故事的書寫者，也是默默無聞的幕後英雄，令我們心生敬畏，也令我們心存謙卑。

　　我榮幸地向小讀者們推薦這套大型歷史科普讀物《圖解少年中國史》，讓我們從中國史的巨大框架出發，透過身邊的事物、嚴謹的考據、寫實的繪畫、細膩生動的語言，復盤遙遠的時代，還原真實的場景，了解中國歷史的發展與變遷。

　　現在，寶盒即將開啟，小讀者們，你們做好準備了嗎？

聯合國教科文組織
國際自然與文化遺產空間技術中心常務副主任、祕書長
洪天華

最初的交換

新石器時代，人類學會了種植和養殖，且熟練掌握了製作陶器的技能。種植農作物和養殖牲畜解決了人類的吃飯問題，各種用途的陶器更是方便了人類的生活。但有時產量過剩也會給人們帶來困擾，吃不完的食物很容易腐爛，陶器等生活用具出現剩餘造成了浪費。最初人們只是將吃不完的食物儲存起來，後來有其他缺少糧食的部落請求用皮毛之類的物資換取食物，由此產生了以物易物的交換活動。

仔細看圖，說一說這些古人都在交換什麼呢！

用貝殼、海星做交換

最受歡迎的物品

　　部落與部落之間交換的物品多種多樣，如動物皮毛、狩獵工具、飼養的牲畜、剩餘的食物、服飾布料等，只要是雙方樂意接受的物品都可交換。後來，交換活動的範圍越來越大，甚至有沿海地區的部落帶著漂亮的貝殼來參加交換活動。

　　出人意料的是，從海邊帶來的貝殼大受歡迎。這些貝殼可以穿起來掛在脖子上作為裝飾，於是愛美的人們願意拿出更多的物品來交換。從此，貝殼的價值一路走高，成為當時最保值的物品之一。

在尺還沒有出現時，古人以手指和手臂的長度作為測量標準。

測量長度

因井為市

　　當到甜頭的部落開始頻繁組織交換活動，並把地點設在離部落和水井都不遠的地方，以方便人畜飲水和清洗貨物。這就是因井為市，也是「市井」一詞的來源。

飲水

清洗水果

善於交換的首領

部落之間的頻繁交換，使交換有了固定的場所和時間，各部落的首領也從交換過程中獲取到了寶貴的經驗。上古時期的虞舜就是其中一位善於交換的首領，相傳他頻繁往來於華夏各個部落之間，進行採買交換活動。

虞舜的生意經

　　虞舜早年居住在東方，他出身寒微，曾以耕地種田、捕魚、燒窯為生。由於舜勤勞能幹，受到人們的擁戴，後來被推為部落首領。

　　據史書記載，舜領導的部落居住在一個叫壽丘的地方。他指導人們製作生產工具和生活器具，並把剩餘的陶器、農具等運到一個叫負夏的地方進行交換，換來部落需要的物品。

　　精明的舜還經常率領族人攜帶陶器，運到不產陶器的頓丘參加交換。頓丘的部落會拿更多物品來交換陶器，這讓舜收穫頗豐。

舜

製陶　捕魚　耕田

從傳虛帶回鹽

　　舜也經常去一個叫做傳虛的地方交換物品。由於傳虛不缺陶器和生產工具，舜帶來的陶器等物品在這裡並不搶手，但精明的舜仍然能在這裡找到商機。因為傳虛盛產池鹽，鹽最便宜，於是舜就在當地收購鹽，再將鹽販賣到不產鹽的地方，以此獲利。

新的交換方法

　　不僅如此，精明的舜在買賣中還用到了賒購的方式，也就是先運走貨物，以後再償還相等價值的物品。這種賒欠進貨方式暫時產生的虧欠部分，就是我們今天所說的「債」。

煮鹽

珠玉

　　在古代，漂亮的珍珠和精美的玉器都是昂貴的珍寶，可以交換到很多物品。

玉璧

陶器

隨著時間的推移，人們發覺物物交換越來越不方便，於是選了一種大家都認可的物品作為貨幣，即人們常佩戴在身上的貝殼。內陸稀少的貝殼成為最早的貨幣。有了這種貨幣以後，人們就可以直接用來購買物品。

商人與商朝

　　貨幣出現不久後，出現了來往於部落之間、專門從事買賣採購的人，他們最擅長買進和賣出，被稱為商人。我們現在所說的商人、商業都與商朝有關係。夏朝時，商部落的人就很善於交換和購買，當時商部落的首領王亥就經常駕著牛車，趕著牛羊，四處交換。

　　到了商湯時，夏朝的君主夏桀揮霍無度，暴虐無道，於是商湯要取代夏桀。他聽取了伊尹的策略，發展手工業，大量織造絲織品，用來換取夏人的糧食。就這樣，夏朝的力量慢慢被削弱，而商湯的力量漸漸壯大，最後滅了夏朝，建立了商朝。

　　商朝建立以後，貴族們不再親自去做買賣，而是交給手下人去辦。這些專門從事交換、擅長貿易的人乘著船、駕著車到很遠的地方去做買賣。他們到西部採購製作玉器的玉石，到南方採購冶煉青銅的原料，到東海採購鯨魚骨和貝殼，遊走於五湖四海。

製玉

採購玉石

鑄造青銅器

採購銅礦石

中國最早的錢幣

貝殼是中國歷史上最早的錢幣。貝殼最早被人們穿起來掛在脖子上做裝飾物，叫做「賏」，後來又成為人們交易用的媒介——貨幣。漢字中與財富相關的文字都從貝旁，如財、貸、貨、資、贈、賈等。

夏商時期，人們普遍用貝殼做貨幣。貝幣被穿起來，一串五個叫做一索，兩索為一朋。

兩索為一朋

海貝　　**骨貝**　　**銅貝**

當時，人們還使用獸骨和青銅仿製貝幣，也就是骨貝和銅貝。

從事買賣的商人

周朝建立後，善於經商的商人後裔淪為周朝的臣民。當時的周公發出公告，告誡商人在農事空閒時，要牽著牛去做生意，掙回錢後要孝敬父母。商人本來就很善於經商，於是很多人又做起了買賣，有些人乾脆做起了職業商人。以至於在人們心目中，做買賣的就是商人。後來，人們就把所有從事商貿活動的人都稱為商人、商販，把交換、買賣的行業稱為商業，把出售的物品稱為商品。

姜太公也曾是商人

商朝時，除了行走四方的商人外，還有一種在城市裡開店的商人，被稱為「坐賈（ㄍㄨˇ）」。相傳，幫助武王伐紂的姜太公呂望就曾做過賣酒、屠宰的小商販。後來姜太公幫助周武王推翻了商朝，建立了周朝。

周朝的市場

有規矩的市場

　　沒有規矩，不成方圓。周朝的統治者為了更好地管理市場，制定了很多規定。據史書記載，人們必須在規定的時間和地點在市場內進行交易，不准在市場外交易。朝廷對市場內售賣的商品也有嚴格的規定，例如象徵權力和身分的禮器、兵器、官服、官車等物品都不准買賣，並設置「司市」、「賈正」、「市令」等專門管理市場的官吏。

　　市場是人們交換活動的場地。據史書記載，神農氏把交易的時間定在中午，即「日中為市」。在夏朝，城市中有供人們交易的市場，這裡是城市中最熱鬧的地方。相傳，殘暴的夏桀曾將老虎趕到人來人往的市場，以觀看人們驚慌失措、四處逃竄的樣子來取樂。西周時，君王們將市場設在宮殿的北面（即後面），這就是「前朝後市」。

朝市、大市和夕市

　　當時的市場大多分為三部分：東邊的市場叫做朝市，早晨開市，多是外來商人和官府進行大宗交易的批發市場；中間的市場叫做大市，中午進行交易，主要是貴族或富人交易的地方；西邊是夕市，傍晚開市，主要是平民百姓購買日常所需的地方。

朝市

大市

銅貝

布幣

西周的貨幣

　　西周早期的貨幣仍以海貝為主。除此之外，金屬貨幣也開始流行，當時的金屬貨幣有銅貝、布幣。銅貝是海貝的仿製幣。布幣的形狀像當時鬆土的鏟形農具「鎛（ㄅㄛˊ）」。

市場的「管理員」

　　市場內還有專門辨別貨物真偽、分區管理貨物的「胥（ㄒㄩ）師」，管理市場度量衡和驗證契約真偽的「質人」，管理市場物價的「賈師」，收稅的「廛（ㄔㄢˊ）人」，以及在市場內巡邏、稽查盜賊的「司稽」。

胥師　　　　質人　　　　賈師　　　　廛人　　　　司稽

仔細看圖，說一說，朝市、大市和夕市有什麼差別呢？

夕市

了不起的商人

昏庸的周幽王被殺後，西周滅亡。諸侯們擁立前太子宜臼繼位，他就是周平王。從周平王繼位起，中國歷史進入春秋戰國時期。這一時期，禮崩樂壞，諸侯國不再聽命於周天子，開始大力發展自己的勢力，開啟你爭我搶的「爭霸模式」。

重商的齊國

春秋戰國時期，新城市如雨後春筍般出現，有些成為貨物集散的重鎮。城市商業的繁榮離不開商人。雖然商人為商業做了很多貢獻，但統治者仍然重農輕商，在貴族眼裡他們依然身分不高。不過，有些諸侯國開始改變，齊國就是其中之一。齊國規定商人要占城市人口的三分之一，商人被列為「士農工商」四民之一。有些商人成為國家的棟梁，有些成為學者，有些甚至依靠自己的商業頭腦成為被史書記錄的名人。

弦高的故事

鄭國有個叫弦高的商人，經常來往於各國之間。西元前627年，弦高去周王室轄地做生意，途中遇到準備偷襲鄭國的秦國軍隊。弦高靈機一動，一面派人回鄭國報信，一面假裝是鄭國的使臣，用12頭牛作為禮物犒勞秦軍。秦軍以為偷襲的消息洩露，便急忙撤軍了。

不愛做官的范蠡（ㄌㄧˇ）

范蠡，春秋末期的政治家、商人。他早年在越國做官，越國戰敗後，范蠡勸越王勾踐臥薪嚐膽，等待時機。范蠡幫助越王滅吳後，悄悄收拾行裝棄官而去，在齊國做了商人。後來齊國聘請他做了相國，但不久後，厭煩了官場的范蠡又辭去官職，來到當時的商業中心陶丘做起了買進賣出的生意，並成為有名的巨富。

誠信的商人子貢

子貢，複姓端木，名賜，是位誠信的商人，也是孔子門下最富有的學生。孔子帶眾弟子周遊列國時，他的富翁學生子貢耗費了大量財力，才使孔子順利完成這一行程。後來子貢繼續經商，憑藉誠信和精明成為巨富，他的經商作風也被後人稱為「端木遺風」。

呂不韋和奇貨可居

呂不韋是戰國時期的大商人，透過低價買進、高價賣出積累了大量財富。有一次，呂不韋來到邯鄲做生意，偶然遇到秦國留在趙國做人質的公子異人。精明的呂不韋認為異人是「奇貨」，可以把他先「囤」起來，日後「賣」個好價錢。這就是成語「奇貨可居」的出處。

呂不韋回家後問父親，耕田能獲利十倍，販賣珠寶能獲利百倍，那扶持一個君主登基能獲利多少？父親告訴他是無數倍。於是他精心謀劃這筆「大生意」，運用了各種商業手段，最後扶持公子異人登上了秦王王位，自己也成為秦國的相國。

管仲經商富國

　　管仲是一個社會經驗豐富的商人，後經好朋友鮑叔牙推薦，做了齊國的相國。管仲上任後為齊國出謀劃策，大力改革，使得齊國的經濟逐漸強大。相傳，齊桓公為發展軍事，打算增收稅賦。管仲知道後極力反對，他認為增收稅賦會引起人民的不滿，倒不如從鹽鐵中尋求財政來源。

　　齊國按照管仲的策略開始管控鹽鐵，准許人民生產鹽和鐵，再由官府收購和銷售，這種政策叫做「官（管）山海」，也就是後來的鹽鐵專賣。「官（管）山海」的政策實行後，為齊國帶來了巨大利益，齊國不僅國富兵強，齊桓公也成為春秋五霸之一。

白圭的獨特經商策略

　　白圭，名丹，字圭，洛陽人，是戰國時期的著名商人。他善於掌握時機，在合適的時間買進賣出穀物，並為自己制定「人棄我取，人取我與」的策略。當糧食豐收、大量上市時，糧價較低，這時白圭大量收購，這就是「人棄我取」；當糧食歉收或青黃不接時，糧食價格上漲，白圭適時供應糧食，這是「人取我與」。白圭預測糧食的豐收、歉收，從差價中獲取利潤。他定的收購價比市場價高一點兒，糧食歉收時的出售價比市場價低一點兒，在一定程度上起到了調節供應、平衡價格的作用。

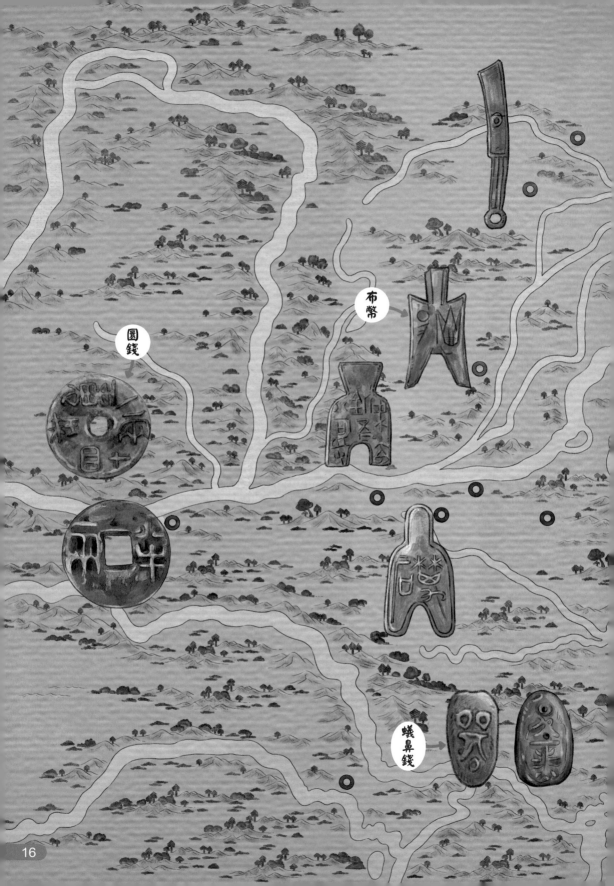

圜錢

布幣

蟻鼻錢

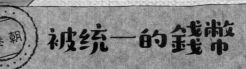

秦朝 被統一的錢幣

春秋時期，人們除了繼續用海貝、銅貝購買商品外，各諸侯國也開始鑄造屬於自己的貨幣。

刀幣

像鬆土鏟子的布幣

當時周王畿、韓、趙、魏等國使用的布幣，是由一種叫做「鎛」的農具演變而來的，形狀像當時鬆土的鏟子。

楚國的蟻鼻錢

楚國使用的蟻鼻錢，是一種仿製貝幣的銅幣，形狀很像貝殼，上面鑄有文字。有些幣文像一隻小螞蟻，有些幣文像人的鼻子，因此人們把這種錢幣稱作「蟻鼻錢」。蟻鼻錢和貝幣一樣小巧，便於攜帶和儲藏。

「削刀」的刀幣

齊、燕、趙等國使用的刀幣，是由一種叫做「削刀」的工具演變而來的。這種刀並不是武器中的刀，而是當時的一種文案工具。

更加方便的圜錢

春秋末年至戰國時期，不少諸侯國鑄造了更加方便的圜錢。圜錢大概是從手工紡輪演變而來的。為了方便攜帶，人們在錢的中間留了可以穿線的圓孔或方孔。

統一貨幣

　　西元前221年，秦王嬴政最終兼併了六國，建立了中國歷史上第一個大一統王朝——秦朝，嬴政稱始皇帝，成為中國歷史上第一位皇帝。統一六國後，秦始皇為了鞏固政權，實行了一系列統一政策。當時各國使用的貨幣形狀、大小不同，計算單位和價值也不同，兌換起來非常麻煩。秦始皇下令廢除六國的貨幣，全國統一使用大小、質量一樣的秦「半兩」錢。「兩」是當時的質量單位，一個半兩錢就有當時的半兩重。這種方孔的半兩錢大小一致、方便攜帶和使用。從此，圓形方孔形狀的錢幣便被沿用了下來，直到清末才逐漸廢棄。

統一度量衡

　　秦朝統一文字和貨幣的同時頒布了統一度量衡的詔書，廢除六國的度量衡標準，要求全國使用商鞅制定的度量衡標準。度量衡是買賣交易中計算質量、容積、長短的標準，統一後的度量衡方便了人們日常的交易和買賣。為了保證計量器具的準確，秦朝每年都要對度量衡器具進行檢查。

度

　　指尺度，是古代用來測量物體長短的工具，類似今天的尺。

量

　　指計算、測量東西多少的器物。量器，是當時測量糧食多少的器具，有方形的也有圓形的，有銅質的也有陶製的。

陶量

銅量

權和衡

　　權指當時用來稱質量的秤砣，主要為銅製、鐵製、陶製和石製。衡又叫「衡桿」，類似今天的秤桿，不同的是，當時的提紐位於衡桿的中間部位，一端掛權，一端稱量被稱物品，衡平便能得出斤兩。權與衡合稱「權衡」。

衡

權

古代的大生意

鹽和鐵在古代是最重要的商品。鹽是生活的必需品，每餐都離不開鹽；而鐵是鑄造農具、製造兵器盔甲的原材料，生產生活和爭戰都離不開鐵。因此，鹽鐵買賣在古代是一門大生意。

私人經營

漢朝初期，皇帝允許私人經營鹽鐵行業。嗅覺敏銳的商人們看到鹽鐵業的商機，利用優越的地理條件靠山挖礦、靠海煮鹽，有些人成為富可敵國的大富豪。西漢史學家司馬遷的《史記》中有一篇《貨殖列傳》，文中列出了一張西漢初期富豪榜，榜單的前四位都是從事冶鐵的富豪，而第五位則是從事鹽業的富豪。

冶鐵

鐵礦石 →

← 鐵器

農具

酒

鹽

收歸國有

為了增加國家的財政收入，抗擊匈奴，漢武帝聽從理財專家桑弘羊的意見，禁止私人經營鹽鐵業，將煮鹽、冶鐵的生意收為國有，設置大量管理鹽鐵業的官職，負責鹽鐵專賣。朝廷提供煮鹽的工具，招募平民去煮鹽，煮好的鹽再由朝廷回收和售賣。鐵的開採、冶煉、鑄造、售賣則統一由朝廷掌控。

從此，朝廷不再允許私人煮鹽鑄鐵，如有違抗，不僅要受左腳戴六斤鐵鎖的刑罰，還要沒收相關的工具和器物。為了應對戰爭帶來的開支，漢武帝又對酒實行專賣政策，酒類全部由官方生產、售賣，廣開財源。

榆錢

不值錢的莢錢

漢朝建立後，由於秦朝的半兩錢過重，漢高祖劉邦允許民間鑄造較輕的錢幣。當時民間鑄造的錢幣叫做榆莢半兩（也稱莢錢），是一種又輕又小的錢，大小就如榆樹的種籽榆錢一樣。皇帝沒想到民間鑄造的錢越來越小，有些榆莢錢質量還不到今天的一克。由於榆莢錢又輕又小，錢幣貶值嚴重，造成物價飛漲，買一石米要用一萬枚莢錢。

漢武帝的改革

漢朝政府為了阻止貨幣貶值，前前後後進行了多次幣制改革。到漢武帝時，國家廢止以前的各種錢幣，禁止民間和郡國鑄造錢幣，設立專門的鑄幣機構，統一鑄造五銖錢。政府統一鑄造的五銖錢大小適中，質量和錢面上的文字一致，重五銖。鑄造精良的五銖錢很快取代了其他錢幣，成為當時的通用貨幣。

五銖錢

五銖錢是漢武帝發行的貨幣，圓形方孔，內外均有輪廓，重五銖，錢幣上有「五銖」二字。自漢武帝起到隋朝的700多年間，五銖錢一直是流通中的主要貨幣。

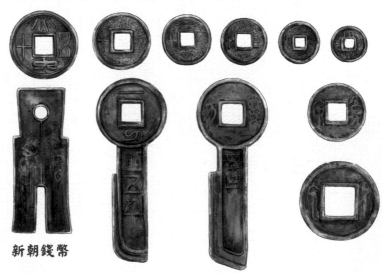

新朝錢幣

西漢末年，外戚王莽依靠皇后的勢力逐漸成為西漢最有權力的大臣。西元8年，王莽看時機成熟，便自立為皇帝，建立新朝，這就是歷史上的「王莽篡漢」。王莽在攝政期間就開始改革貨幣，發行了大泉、契刀和錯刀。後來在他做皇帝的15年間，又禁止人們使用五銖錢，多次發行新貨幣，還將早已廢棄的布幣重新作為錢幣使用。王莽稱帝期間，各種各樣的貨幣實在太多，以至於老百姓都弄不清這些錢幣的種類和面值。

連接東西方的通道

西元前138年和西元前119年，漢武帝兩次派張騫出使西域，與西域各國建立了聯繫，同時也開通了中國歷史上一條重要的商路——絲綢之路。

玉門關

烽燧

去往漢朝

運往西域

長安

張騫

採購絲綢

來自中國的特產

　　絲綢之路開通以後，漢朝與西域各國交往頻繁，經常互派使團，相互贈送禮物。來往的使團中有不少西域的商人，而吸引他們來到漢朝的正是中國的特產——絲綢。

　　西漢時期，絲織業發達，織造絲綢的技術和工藝高超，織出來的絲綢精美絕倫。絲綢的吸引力超過了以往的任何商品，西域各國的商人紛至沓來，採購絲滑絢麗的絲綢。

古羅馬

絲綢成為搶手商品

西域國家

海運絲綢

轉運絲綢

凱撒大帝的袍子

　　絲綢就這樣從長安出發，沿著絲綢之路，經過西域商人之手，轉賣到了沿途各國，最遠竟然賣到了古羅馬。這種光滑、精美的衣料被西域貴族和古羅馬貴族瘋狂追捧，其價格也一路上漲，成為極其珍貴的商品。相傳，羅馬執政官凱撒穿著絲綢做成的袍子到劇院看戲，貴族們羨慕不已。他們爭相購買絲綢，絲綢的價格一度超過了黃金。後來，羅馬人把生產絲綢的中國稱為絲來的地方——「絲國」。

絲路帶來的寶貝

自陸上絲綢之路開通以後，中國與西域各國貿易往來頻繁，絲綢等中國特產向西方傳播的同時，西方的特產和商品也沿絲綢之路來到中原。漢朝時，從西方來到中原的寶貝不計其數，如汗血寶馬、玻璃器、金銀器、皮毛等，而來自西域的食物更是成為漢人餐桌上必不可少的美食。

來自西域的良馬

西漢時，西域的良種馬備受漢武帝喜歡，並被大量引進中原。良種馬不僅改良了漢朝原來的馬種，還大大提升了騎兵的戰鬥力。從漢朝開始，西域的馬匹成為絲綢之路上的重要商品。

張騫第二次出使西域時，曾帶回十匹烏孫馬，漢武帝把這種烏孫馬稱為「天馬」。到了西元前113年，有個名叫暴利長的敦煌囚徒，捕獲了一匹汗血寶馬，獻給漢武帝。汗血寶馬是西域的優良馬種，漢武帝收到後十分高興，便稱這種馬為「天馬」，將烏孫馬改稱為「西極馬」。

貴族的奢侈品——玻璃

玻璃，在今天很普通，但在漢朝卻是貴族們喜愛的奢侈品。中國很早就有了玻璃，但最初多是不透明的鉛鋇玻璃。絲綢之路開通後，含鈣鈉的透明玻璃經由絲綢之路來到中國，成為昂貴的貿易商品。魏晉南北朝時，人們更加喜愛漂亮的玻璃製品，貴族們爭相收購，並把晶瑩剔透的玻璃製品視為寶物。

東漢銅奔馬

出土於甘肅省武威市雷台漢墓，高34.5公分，長45公分。這匹銅馬造型矯健，呈昂首嘶鳴、疾足奔馳狀。創作者抓取了駿馬奔馳的瞬間，三足騰空、一足踏飛鳥的姿態。銅奔馬出土後，被確定為中國旅遊標誌。

汗血寶馬

又叫阿哈爾捷金馬，在古代被稱為天馬。汗血寶馬的耐力和速度都十分驚人，適合長途跋涉，遠途行軍。相傳其身上會流出血一樣的汗水，因此被稱為「汗血寶馬」。

汗血寶馬引起的戰爭

漢武帝聽說大宛盛產汗血寶馬，就讓使者帶上用黃金製作的金馬前去換取汗血寶馬。不料，大宛不僅不同意交換，還殺掉了使者，搶走了金馬和財物。漢武帝知道後非常憤怒，便派李廣利兩次出兵大宛。太初年間，李廣利率領大軍圍攻大宛，大宛的貴族被嚇破了膽，便殺掉了國王，投降漢朝，獻出多匹寶馬。

異域風情的金銀器

來自西域的使者和商人把造型獨特的金銀器帶到中原。在後來的幾百年裡，來自西域的金銀器越來越豐富，具有獨特異域風格的金銀製品受到了貴族們的喜愛。

來自西域的美味

絲綢之路開通之後，人們在西域嘗到了很多中原沒有的美味，便將它們引進中原。兩漢時期引進中原的食物有胡餅、葡萄、石榴、核桃、黃瓜等。

商人成了莊園主

王莽建立新朝之後，採取的一系列改革政策不僅沒有起到好的效果，反倒加重了人民的負擔，最終引發人民起義。西元25年，西漢皇族後裔劉秀在河北鄗（ㄏㄠˋ）城稱帝，建立了東漢。

農田

絲織

廚房

造車

果園

製衣

鑄造工具

東漢時期的莊園主

東漢時期，擁有權力的官員和擁有財富的商人乘機崛起。戰亂破壞了當時的商業環境，有資本的地主開始建造屬於自己的田莊。他們收購大量田地，發展自己的農業，成為自給自足的大地主。

東漢至魏晉時期，戰亂頻繁，很多封閉性很強的田莊冒了出來。田莊築有防禦性的塢堡，擁有很多家兵，不能獨自生存的農民只能依附田莊，為田莊工作。

實現自給自足

　　有些規模較大的田莊擁有上萬農民和工匠。他們要為田莊種植各種農作物，飼養牛、馬、羊等家畜；養蠶、繅絲、織布、染色，製作鞋子和衣服；製造各種農具、兵器等。因此，田莊根本不用在市場購買商品，一切生活上需要的物資都可以自給自足。而那些吃不完、用不完的產品還可以拿到市場上出售，沒有商人從中間插手，田莊可以賺到更多的錢。

王戎賣李

吝嗇的王戎

　　魏晉時期的大地主不勝枚舉，其中「竹林七賢」之一的王戎是個吝嗇的大地主，他的田莊遍布天下，每天晚上都用牙籌計算自己的收入。相傳，王戎家種了很多李子樹，結出的李子皮薄汁多、味道甜美。王戎拿到市場上出售前，總要鑽破李子核，為的是不讓別人得到種籽。

養蠶

染布

穀物脫粒

農戶交糧

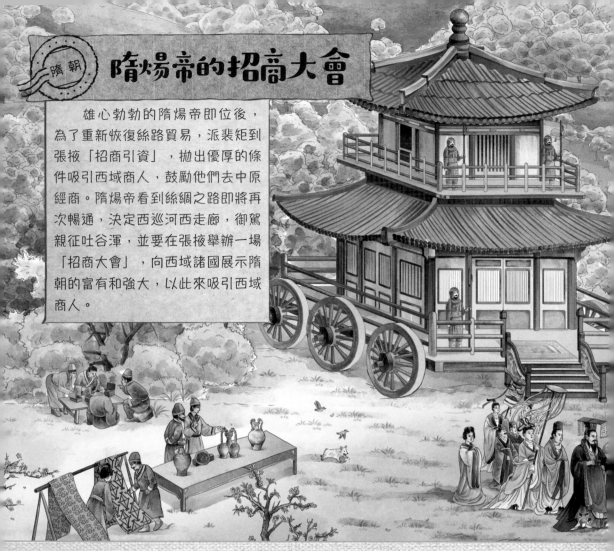

隋煬帝的招商大會

隋朝

雄心勃勃的隋煬帝即位後，為了重新恢復絲路貿易，派裴矩到張掖「招商引資」，拋出優厚的條件吸引西域商人，鼓勵他們去中原經商。隋煬帝看到絲綢之路即將再次暢通，決定西巡河西走廊，御駕親征吐谷渾，並要在張掖舉辦一場「招商大會」，向西域諸國展示隋朝的富有和強大，以此來吸引西域商人。

盛大的「萬國博覽會」

西元609年，隋煬帝率領大軍打敗吐谷渾，清除了絲路上最後的威脅。隨後，大部隊來到張掖，在焉支山下召開了一場盛大的「萬國博覽會」。盛會吸引來很多使者和商人，據說光商團的隊伍就排了5000多公尺。

隋煬帝會見了西域諸國的國王和使節，與西域二十七國成為貿易夥伴。大會上陳列了許多來自中原的物產和手工藝品，精美的絲綢和手工藝品吸引了西域使節和商人，從此，絲綢之路再次熱鬧起來，商人紛紛來到中原經商。

隋煬帝

隋煬帝在位期間大興土木，營建東都洛陽，開鑿大運河，頻繁發動戰爭，引起農民起義，造成天下大亂，最終導致隋朝滅亡。

洛陽的「國際交易大會」

　　西元610年，西域諸國的使者和商人不遠萬里來到東都洛陽朝貢，裴矩認為這又是一次展示隋朝繁榮、開展對外貿易的好機會，便向隋煬帝建議陳列展示中原的物產，開放市場。於是隋煬帝下令允許人們自由交易；命街市張燈結綵，用絲綢裝飾冬天的樹木，在大街設置百戲舞臺，並命文武百官和民眾穿上華麗的服裝去舞臺前觀看；還令所有店鋪都在店前架設帷帳，擺上好酒好菜，任由商人免費享用。

　　這次洛陽的「國際交易大會」令西域的商人驚詫不已，被隋朝的熱情和繁華所震撼。從此，西域商人源源不斷地來到中原，絲綢之路更加熱鬧了。

來自西方的貨幣

　　在絲綢之路沿線的考古工作中，出土了許多來自東羅馬的金幣和波斯薩珊王朝的銀幣，它們隨著東西方的交流來到中國。

東羅馬金幣

波斯薩珊王朝銀幣

熱鬧的國際市場

唐朝

長安（今西安），中國古代最著名的都城之一。隋朝時，長安叫大興城。唐朝建立後，李淵也定都大興城，並改名為長安。唐朝時的長安是當時世界上最大、最繁華的國際都市之一。

「買東西」的由來

長安城裡有兩個熱鬧的市場，分別位於城東和城西，城東的市場叫「東市」，城西的市場叫「西市」。據說「買東西」一詞就是來源於唐朝的東、西市。當時人們經常在東、西兩市購買貨品，有時買於東市，有時買於西市，時間長了，人們就把到兩個市場購買商品稱為「買東」和「買西」，「買東西」一詞也就流傳了下來。

東市和西市

東市和西市雖然都很熱鬧，但兩個市場的作用還是有區別的。東市靠近皇宮和貴族居住的地方，是貴族日常消費的地方。西市位於西城，主要服務於平民百姓，又因靠近長安城的西門，經由絲綢之路來長安的商人便就近來到西市。西域、波斯、大食等地的胡商聚集在西市，經營著各種商鋪，售賣來自西方的商品，同時採購中原的絲綢、茶葉等特產，西市也成為國際性的貿易市場。

西市地圖

藥行

肉行

售賣絲綢

胡商

賣貨郎

開市了！

　　熱鬧的市場不能沒有規矩，唐朝對東市和西市的開放時間有嚴格規定。當時，長安的坊和市都是封閉式管理的，東市和西市都有高高的圍牆和大門。每天清晨，商人們就將西市的大門圍得水洩不通。等到了中午，官吏擊鼓三百聲才算開市，人們才可以進入市場買賣商品。到了日落前一小時，官吏再擊鉦三百聲，告訴大家即將閉市，商人繁忙的一天也將結束。

僧人

飯鋪

衣肆

衣肆

安祿山

四面臨街的店鋪

　　長安的東、西兩市被規劃成九宮格的形狀，都有兩條東西街和兩條南北街，這樣一來，每個格子裡的房子都是四面臨街，每一面都可以開設一家店鋪。東市與西市裡經營著各式貨物，擁有多達上千家店鋪，街市上每天都人聲鼎沸、熱鬧非凡。

　　唐初，絹帛是商品中的硬通貨（強勢貨幣），也可以當錢使用，換取商品。白居易的《賣炭翁》中就提到官府想用「半匹紅紗一丈綾」來換取木炭。

硬通貨絹布

開元通寶

　　唐朝之前的貨幣都是以質量為名，屬於稱量貨幣。從唐朝起，貨幣不再以質量為名，而是將貨幣稱為「寶」。「開元通寶」中的「通寶」一詞後來幾乎出現在歷代錢幣上，一直到清末。

鉦

　　古代一種帶有長柄的青銅樂器，就像倒置的鐘。鳴金收兵中的「鳴金」就是指鳴鉦，一般代表收兵的信號。

西市軼事

繁華的西市是當時世界上最大的國際貿易市場，這裡匯集著全世界的奇珍異寶，吸引了來自全國的商人、文人墨客、達官貴人及外國的商人，他們在西市留下了足跡。我們來一起看看，他們給我們留下了哪些有趣的歷史故事呢？

西市舉義

西元755年，安史之亂爆發，唐玄宗帶楊貴妃倉皇出逃。不久，叛軍到達長安城下，京兆尹崔光遠打開城門，投降叛軍。叛軍入城後，大肆搜刮財物，使長安百姓陷入水深火熱之中。

之後，太子李亨自行登基的消息傳到長安，百姓們看到唐軍有望收復長安，都十分欣喜。

一些叛軍將領得到消息，紛紛逃離長安。京兆尹崔光遠也認為叛軍大勢已去，加上連日來看到叛軍的所作所為，心中怨恨。他暗暗籌畫，準備組織起義。但這一消息很快被安祿山知道了，崔光遠只得聯合長安縣令蘇震一同起義，逃出長安。

當崔光遠率領的府、縣官吏逃到西市附近時，與叛軍展開了激戰。西市的百姓想起連日的屈辱，立即燃起了怒火，大量的青壯年加入戰鬥。崔光遠率領著西市民眾一路殺到開遠門，最後只有一百多人逃出長安。長安西市民眾的義舉挫傷了叛軍的囂張氣焰，也在歷史上留下了美名。

破鏡重圓

隋文帝建國不久，便出兵滅掉了南朝的陳國，再次統一全國。當時陳國的皇帝有個妹妹，叫樂昌公主。在隋朝滅陳之前，樂昌公主就已嫁給了江南才子徐德言。當隋朝大軍壓境時，徐德言準備前往前線，抵禦隋朝大軍。臨別前他將一枚銅鏡劈成兩半，夫妻兩人各拿一半，並與公主相約，如果不幸分離，就在第二年的正月十五，到鬧市中售賣半面銅鏡，以此作為聯絡的信物。

隋朝軍隊一路南下，最終滅掉了陳國，陳後主陳叔寶和大臣們都做了俘虜，樂昌公主也被帶到長安。隋文帝犒賞將士，就將樂昌公主賞給了越國公楊素為妾。樂昌公主自從來到楊素府中，時時想念她的丈夫。到了正月十五這一天，樂昌公主想起了她與丈夫的約定，於是命老僕拿著半面銅鏡到西市叫賣。老僕拿著半面銅鏡邊走邊吆喝：「賣鏡了，賣鏡了。」西市眾人圍上來，看老僕在售賣破鏡，都認為他是瘋子。

當老僕準備離去時，被一個青年書生叫住，並拿出另一半銅鏡，原來他就是駙馬徐德言。老僕趕忙回府向公主報信，但公主此時作為越國公的妾室又難以與丈夫團聚，於是更加傷心，每日以淚洗面。後來楊素知道了這件事，被他們的感情所感動，於是成人之美，讓他們夫妻團聚，使其破鏡重圓。幾日後，樂昌公主與徐德言便離開了長安，過上了隱居生活。

愛喝酒的李白

李白是唐朝的著名詩人，也是西市酒肆中的常客，常與賀知章等人飲酒賦詩。

一天，唐玄宗和楊貴妃觀賞牡丹時想起李白，便命李龜年召他來寫詩。李龜年四處尋找李白，最後在西市的胡姬酒肆找到了李白，只見李白喝得酩酊大醉，東倒西歪。李龜年高聲叫道：「聖上有旨，命李白速速進宮。」李白聽到聖旨也只是答了一句：「我喝醉了，我要睡覺，你先回去吧！」李龜年和眾人聽到後，嚇出一身冷汗。李龜年怕唐玄宗降罪，只好命人將李白強行帶進宮去。

唐玄宗看到半醉半醒的李白並沒有責怪他，只是讓他譜寫新樂章。李白上前揮筆寫出了《清平調》三首，來讚美牡丹和楊貴妃的美麗。後來《清平調》被廣為傳唱，成為中國古詩詞中的經典。

西市會說話的鴉雀

西市有位官吏叫魏伶，養了一隻會說話的鴉雀。這隻神奇的鴉雀只會說「爺給錢」和「謝謝爺」。每天鴉雀都會向人要錢，要到錢後會叼給魏伶，多的時候一日能要到數百錢。

一天，兩個胡人來到西市，鴉雀前來要錢，不小心嚇到了胡人。其中一人拿出弓箭要射死鴉雀，這時魏伶跑了出來，向空中打了個呼哨，只見鴉雀飛向魏伶，並停在他的肩膀上。魏伶善於察言觀色，認出了其中一位就是安祿山，便連忙道歉。

安祿山忍住怒氣，笑了笑說：「我剛才似乎聽到了這隻鳥兒在說人話？」魏伶趕緊炫耀自己訓鳥兒的絕技。安祿山聽了，便想讓魏伶訓練能夠傳遞資訊的鳥兒，將來在戰場上為自己所用。魏伶痛快地答應了，成為安祿山府上的幕

僚，為他出謀劃策。

後來，安史之亂中並沒有出現魏伶的蹤跡，想來他不是在戰爭中死去，就是帶著那隻會說話的鴉雀隱居鄉野了。

宋清賣藥

西市裡店鋪林立，各行各業都在經營，其中就有醫藥業。在多家藥鋪中，宋清藥鋪在歷史上留下了千古美名。

有一天，一個五十多歲的男人在路邊哭泣。路人問他為何哭泣，他說自己叫朝奴，是個拉磨的工人，因得了眼部疾病，不能再工作了。他找郎中看病，郎中給開了藥方，讓他到西市的藥店抓藥，誰知這方子的藥材奇貴無比，他就算把自己賣掉也買不起藥，無奈只能坐在路邊哭泣。

路人聽說後讓他去宋清藥店，在那裡一定能抓到藥。絕望的朝奴拿著方子來到宋清藥店，夥計馬上為他抓好各種藥材。朝奴說自己沒有錢買，非要寫張欠條。誰

知夥計說道：「你寫了也是白寫，到了年關，宋老闆會把窮苦人的欠條一把火燒掉，不會追賬。」原來，宋清為人仁厚，樂善好施。宋清賣藥時，如對方無錢可付，是可以賒欠的；但如果到了年關，仍無錢還帳，宋清便會燒掉欠條。

唐朝著名的文學家柳宗元聽聞宋清的事蹟後，特地寫了一篇文章來稱讚他，義商宋清助人為樂、治病救人的事蹟也因此廣為流傳。

竇乂（一、）買坑

竇乂是唐朝一位白手起家的商人，最初靠種樹獲得了第一桶金，後來又靠製作法燭獲得了大筆財富。沒多久，聰明的竇乂就成了腰纏萬貫的商人。

一日，竇乂在寸土寸金的西市看到一片已經成為垃圾場的閒置窪地。他看中了這塊地，想要買下來。這塊地的主人聽說後心裡樂開了花，二話不說，量也不量就以三萬錢的價格賣給了竇乂。

竇乂買下這塊地之後，在窪地中央立起了一根木杆，並在杆子上掛了一面小旗。竇乂還在窪地旁擺起製作煎餅和糰子的攤位，並貼出告示，邀請人們前來參加投擲旗子的遊戲，只要有人能夠用石子、瓦礫擊中旗子，就可以得到煎餅和糰子。

周邊的小孩們知道後，成群結隊地前來投擊旗子，不久後窪地被石子、瓦礫填滿，旗杆也被埋入地下。竇乂便在窪地上建造了二十間店鋪，並高價租了出去，每日可收租金幾千錢。

絹馬互市

在古代，馬和絲綢是絲綢之路上的重要商品。良馬是古人的交通工具，更是軍隊必不可少的裝備。中原的氣候和地理條件並不適合馬匹的馴養，因此中原的馬匹不如西域的良馬。中原王朝想要提升騎兵的戰鬥力，只能從西域購買馬匹。而中原是絲綢的主要產地，西域的遊牧民族想要獲取絲綢，也只能從中原購買。

交換絲綢馬匹的互市

漢唐時期，西域各部和中原王朝為了各取所需，產生了交換絲綢和馬匹的互市，叫做絹馬互市。

中原王朝透過互市貿易獲得良馬、畜牧產品，西域各族透過互市貿易獲得絲綢、茶葉、鹽、瓷器、鐵質工具等生產及生活用品。

到了唐朝，絲綢之路上的互市更加頻繁，有的互市由官方組織，也有的互市是民間私下組織的。不管是哪種互市，都需要得到官方的同意才可以開展。

西域各族從絹馬互市中換來大量絲綢，自己用不完還可以轉賣到西方，為自己帶來了極高的利潤。因此，西域各族對互市的熱情越來越高，希望唐朝多開互市。

每當互市時，西域各族就趕著大量馬匹、牛羊，帶著特產來到交易地點，希望換到中原的絲綢、茶葉和其他生活用品；唐朝人也會帶上各種絲綢、茶葉等商品來到交易地點，一場熱鬧的互市貿易就這樣開始了。

昭陵六駿

　　歷代皇帝都很喜歡駿馬，唐太宗李世民也不例外。昭陵是唐太宗的陵墓，在修建過程中，李世民令閻立德和閻立本兄弟二人繪製他騎過的六匹戰馬，並將六駿的浮雕石刻陳列於陵前。這六匹戰馬跟隨李世民四處征戰，立下了不少功勞。它們分別叫拳毛䯄（ㄍㄨㄚ）、什（ㄕˊ）伐赤、白蹄烏、特勒驃（ㄆㄧㄠˋ）、青騅（ㄓㄨㄟ）、颯（ㄙㄚˋ）露紫。

歡迎來到中國

唐朝的繁華吸引了全世界的目光,包容的唐朝也大開國門,歡迎各路商人來唐經商,西方的商人和旅客透過絲綢之路頻繁來往於大唐與西方之間。有些外國人羨慕唐朝的美好生活,甚至舉家搬遷到繁華的中原城市,在這裡安家立業,成為唐朝的臣民。

僧人

粟特商人

波斯商人

生活在大唐的外國人

　　這些生活在中原的外國人中,有職業商人、外國使者、留學生、舞蹈家和歌唱家等。他們不僅把西方的特產帶到唐朝,同時也把西域的胡樂、胡舞帶到中原。

　　來到中原的外國商人有波斯人、阿拉伯人以及粟特人。粟特人是絲綢之路上最活躍的胡商,也是唐朝城市中最多的胡商。在古代典籍中粟特人被稱為「昭武九姓」,即康、史、安、曹、石、米、何、火尋和戊地九個姓。他們大多居住在中亞錫爾河以南至阿姆河流域,是歷史上最會做生意的民族之一。

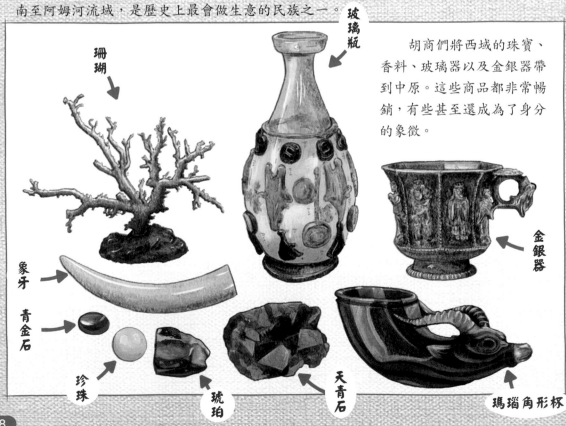

珊瑚

玻璃瓶

　　胡商們將西域的珠寶、香料、玻璃器以及金銀器帶到中原。這些商品都非常暢銷,有些甚至還成為了身分的象徵。

金銀器

象牙

青金石

珍珠

琥珀

天青石

瑪瑙角形杯

在唐朝當官的外國人

　　有些外國人依靠自己的能力在唐朝建立功勳，成為唐朝的官員和武將。如高句麗的高仙芝、西突厥人哥舒翰、波斯王族阿羅憾、日本的留學生阿倍仲麻呂等。高仙芝、阿羅憾和哥舒翰都是唐朝的名將，阿倍仲麻呂則在唐朝做文官。

古代也有留學生

　　唐朝時，大量日本人、新羅人來到唐朝學習中國文化。日本遣唐使中的留學生來到唐朝首都長安後，需要到國子監學習。外國留學生在唐朝學習的生活費均由唐朝政府承擔。畢業以後，留學生即可參加科舉考試。與唐朝學子不同的是，留學生要多考一科「漢語水準」。有很多留學生通過科舉考中了進士，有些還成了唐朝的官員。

來自異域的香料

　　唐宋時期，海上絲綢之路開始活躍起來。到了宋朝，越來越多的外國商人經由海上絲綢之路來到中國，沿海的港口也繁榮起來。

　　透過海上絲綢之路來到中國的主要商品是香料。唐宋時期，人們都有熏香的習慣，彈琴、寫作要用香，貴婦出行要用香，禮佛祈禱也要用香，就連藥物和食物中也要加入香料。因此，香料在當時備受追捧。

禮佛用香

烹任用香

化妝用香

香料的用處

　　古代的香料主要來自動植物的芳香部位，如植物的根、莖、皮、葉、花、果或樹脂等，或動物體內的分泌物或排泄物等。香料在古代可以食用調味、焚燃、製作化妝品、熏製衣服，有些還可以作為藥物使用。

禮儀用香

撫琴用香

熏衣用香

沉香

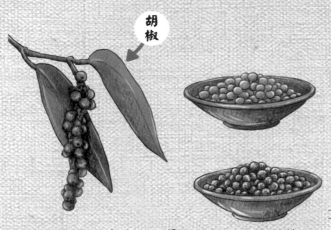
胡椒

沉香為瑞香科沉香屬喬木，主要產於中國南方和東南亞地區。在唐宋時期，沉香主要來自林邑國、三佛齊等地。沉香是當時焚香和熏香的流行香料，也可以藥用。

胡椒原產於東南亞，屬胡椒科，是木質攀援性藤本植物的果實。未成熟的果實帶著果皮曬乾後即成為黑胡椒，成熟的果實曬乾後即成為白胡椒。在辣椒傳入中國之前，胡椒一直作為辣味調味品。胡椒在古代也是重要的調味香料和藥品，價值不菲。唐朝宰相元載被皇帝抄家時，從他家中抄出八百石胡椒，震驚了整個長安城。

龍腦香和它的傳說

龍腦香是龍腦香樹的樹脂凝結形成的一種白色結晶體，產於東南亞及中國南方。龍腦香在古代用來食用、藥用、焚香和佩戴。

乳香

乳香又叫薰陸香，是橄欖科樹木滲出的樹脂，乳香常被用來焚香和藥用。

相傳，唐朝時，交趾進獻龍腦香，唐玄宗賜給了楊貴妃十枚。一日，唐玄宗與親王下棋，令賀懷智彈琵琶助興。楊貴妃抱著小狗在一旁觀棋，眼看唐玄宗就要輸棋了，便放下小狗，攪亂了棋局。這時，一股清風吹起貴妃的披巾，落到了賀懷智的幞頭上，留下了龍腦香味。賀懷智回家後便將幞頭收藏起來。平定安史之亂後，唐玄宗想念死去的楊貴妃，賀懷智便將收藏的幞頭獻給玄宗。唐玄宗聞到香味感嘆道：「這上面的香味，真的是貴妃的香氣呀！」

丁香在古代叫雞舌香，與今天的丁香花並非同一物種。唐宋時進口的雞舌香多源自印度尼西亞，雞舌香在古代多用於烹調和入藥。除此之外，雞舌香還是古代的口香糖。雞舌香可以去除口臭，使口氣芬芳，古代大臣常常口含雞舌香上朝議事。

丁香

混亂的時代

五代十國

西元907年，原出身黃巢義軍，後被招安的將領朱溫逼迫唐哀帝禪讓，建立後梁。自此，近三百年的大唐帝國滅亡，一個混亂動盪的時代也隨之到來，這就是五代十國時期。

朱溫篡唐

什麼是五代十國？

五代指占據中原的後梁、後唐、後晉、後漢和後周五個朝代，五代統治的區域主要在淮河以北、黃河流域一帶。而在淮河以南，先後存在過九個小國家，分別是吳、南唐、吳越、閩、楚、南平、前蜀、後蜀、南漢，再加上當時割據山西的北漢，這十個政權被稱為十國。

五代十國時期，各國相互攻打，連年的戰亂讓百姓飽受疾苦，統治者們的暴政使百姓的生活雪上加霜。這一時期，各國為了增強自己的軍事實力和增加軍費，開始大力搜刮百姓錢財。有些國家的皇親國戚和大臣利用手中的特權，從事商業活動，為自己牟取暴利，弄得百姓苦不堪言，民不聊生。

後唐的嚴苛統治

後唐的統治者因看到了小小鹽粒中的巨大利益，便設立「蠶鹽」制度。所謂蠶鹽，就是將食鹽賒給農戶，等到了收穫蠶繭時再隨夏稅補交鹽錢。統治者禁止民間買賣食鹽，百姓只能透過這唯一的管道獲取生活必需的食鹽。

後唐的統治者除了從食鹽中牟取暴利，還將貪婪的目光對準了鐵製農具和釀酒。他們允許百姓鑄造農具，但要繳稅。而酒是古人日常生活中的飲品，銷量巨大，因此官方專賣酒麴，嚴禁民間私自製造酒麴，否則會被誅殺全家。

蠶鹽制

在楚國賣貨

獲得一堆鉛錢、鐵錢

換成楚國特產

楚國的聰明決策

　　位於湖南的楚國統治者更加聰明，楚國不征商稅，用沉重的鉛鐵鑄造錢幣。免稅的政策吸引來各國商人，但商人們賣完貨後得到的卻是一堆只能在楚國流通的鉛錢、鐵錢，只好在楚國買些特產帶回去，這樣楚國的商品就換取了天下百貨。

　　劉仁恭是唐末割據幽州的軍閥，他統治幽州期間生活奢靡無度，極其貪婪。他為了搜刮百姓錢財，收繳了百姓手中所有的金銀和銅錢，並藏到山洞中，然後用泥造錢，並強迫百姓使用。

泥做的錢

被稱為「高賴子」的國君

　　南方的南平國是十國中最小的國家，位於湖北。南平國雖然地域狹小，卻是南北交通的要衝，來往商人和使者無數，南平國的統治者從中看到了利益。南平的君主高從誨喜好搶劫路過的商人和使者，以此發點小財。等到他國前來討伐，他便厚著臉皮將原物奉還，主動求和，為此人們叫他「高賴子」。

賣到海外去

宋朝時，陸上的絲綢之路被阻斷，海上的通道卻繁榮起來，這就是海上絲綢之路。海上絲綢之路是宋朝對外貿易的重要通道，宋朝由海上絲綢之路進口百姓喜愛的香藥和珠寶，出口宋朝的特產。

宋朝的獎勵政策

宋朝的皇帝為了吸引外商，推行了很多獎勵政策，如對部分商品免稅，幫助外國船舶躲避颶風，外國船舶歸國時設宴餞別等。巨大的市場和優惠的政策吸引了大量外商，供船舶停靠的港口就有二十多處，其中廣州港、泉州港和明州港最為熱鬧。為了管理對外貿易和港口，宋朝設立了「市舶司」。為了方便外國商人和外國移民貿易，朝廷還在港口附近設置了供外國人居住的「蕃坊」。

宋朝皇帝不僅歡迎外商來宋，更願意將中國特產賣到國外去。因此，宋朝政府鼓勵商人們前往海外經商，商人看到豐厚的利潤便紛紛加入遠洋貿易中。他們駕駛著海船，帶著中國的特產駛向大洋，將瓷器、茶葉、絲綢等銷往東南亞各國、印度、斯里蘭卡和阿拉伯地區等，為宋朝帶來了巨大利益。

船上飼養的牲畜

水密艙

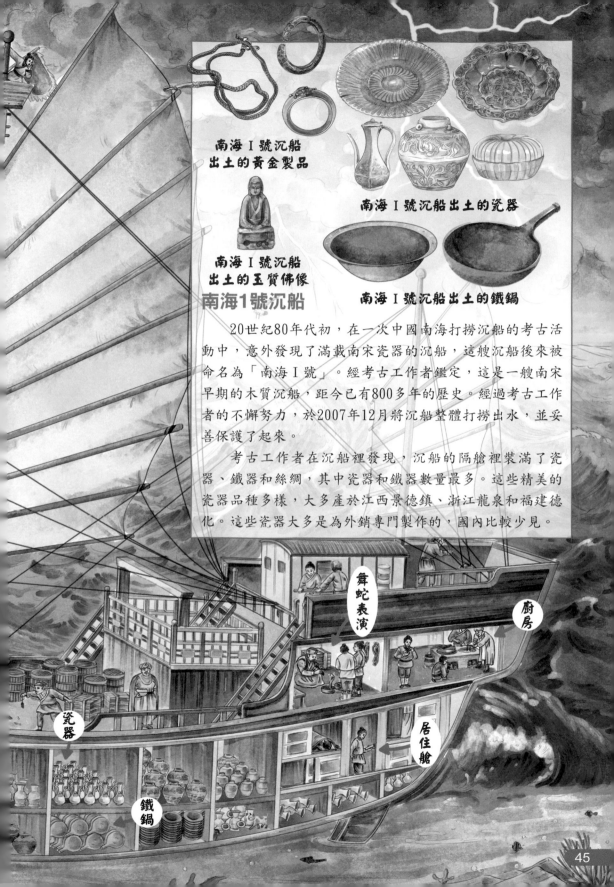

南海 I 號沉船
出土的黃金製品

南海 I 號沉船出土的瓷器

南海 I 號沉船
出土的玉質佛像

南海1號沉船

南海 I 號沉船出土的鐵鍋

20世紀80年代初，在一次中國南海打撈沉船的考古活動中，意外發現了滿載南宋瓷器的沉船，這艘沉船後來被命名為「南海 I 號」。經考古工作者鑑定，這是一艘南宋早期的木質沉船，距今已有800多年的歷史。經過考古工作者的不懈努力，於2007年12月將沉船整體打撈出水，並妥善保護了起來。

考古工作者在沉船裡發現，沉船的隔艙裡裝滿了瓷器、鐵器和絲綢，其中瓷器和鐵器數量最多。這些精美的瓷器品種多樣，大多產於江西景德鎮、浙江龍泉和福建德化。這些瓷器大多是為外銷專門製作的，國內比較少見。

舞蛇表演

廚房

瓷器

居住艙

鐵鍋

宋朝

宋朝的夜市

宋朝城市沒有了市和坊的限制,這使宋朝的商業迅速發達起來,汴京、杭州等城市也成為當時繁華的大都市。拆掉圍牆的坊區成為開放的居民區,沿街居住的百姓也開始開設店鋪,大街小巷成為一個方便的大市場。百姓不用再到固定的市場去購物,只要邁出家門就能買到各種商品。

酒樓

賣水果

正店

酒肆

麵館

賣炊餅

賣秋梨

飯鋪

熱鬧的夜市

汴京(今開封)是北宋的國都,沒有了坊、市的限制,汴京的大街小巷店鋪林立,大街上人聲鼎沸,到處都是商販的吆喝聲和顧客的講價聲,真是熱鬧極了。就算到了夜晚,汴京的街道上也是燈火通明,人山人海。原來,宋朝不僅有日市,還放寬了宵禁,開放了夜市和早市。宋太祖在乾德三年(西元965年)曾下令開放夜市,直到三更之後夜市才逐漸結束。當喧囂的夜市結束不久後,五更時的早市就要開張了,熱鬧的一天又開始了。

仔細看圖，找一找宋朝的夜市都賣些什麼呢？

稱為「鬼市」的早市

北宋時的汴京城中有很多早市，如皇城東邊的潘樓酒樓附近就有一處主營服飾的早市。因天不亮就已開市，因此早市也被稱為「鬼市」。

肉鋪

茶館

賣貨郎

賣刀

州橋

州橋夜市的吃食

順著御街向南行，走到州橋一帶，就到了北宋著名的「州橋夜市」了。州橋夜市是當時著名的小吃一條街，聚集了各地的風味小吃，好吃的東西數不勝數。這裡的小吃隨著季節不斷變化品種，夏天有各種冷飲，如冰鎮綠豆湯、木瓜汁、酸梅湯等；冬天有各種燒烤熟食，如烤豬皮、野鴨肉、盤兔等。這裡每天都熱鬧非凡，香味繚繞，半夜三更才漸漸散去。

宋朝的錢

兩宋時期，繁榮的商業在歷史上留下了光彩的印記。而兩宋時期的貨幣也十分繁雜，種類甚至超過了之前的任何一個朝代，這其中就包括世界上最早的紙幣——交子。

種類繁多的宋朝錢幣

宋朝錢幣有銅錢和鐵錢，大部分用年號來命名。宋朝的皇帝喜歡更改年號，每改一次年號就要鑄一次錢。有時一個皇帝要改多次年號，宋朝的錢幣種類也就越來越多。據統計，兩宋時期總共鑄造了45種年號錢和6種非年號錢。除了年號不同，貨幣的面值和錢文字體的種類也非常多。

傳為蔡京書寫的隸書錢文——崇寧重寶

宋太宗書寫的草書、行書、楷書錢文——淳化元寶

宋徽宗書寫的瘦金體錢文——崇寧通寶

傳為司馬光書寫的篆書錢文——元祐通寶

傳為蘇軾書寫的行書錢文——元祐通寶

錢幣上的文字

宋朝錢幣上的文字有篆書、隸書、草書、楷書和行書等多種書體。不要小看錢幣上的小小文字，這些文字大多出自名家之手，有些錢文甚至由皇帝親自書寫。如「淳化元寶」的錢文由宋太宗所書；「崇寧通寶」由宋徽宗所書；「元祐通寶」則是由北宋政治家司馬光、大文學家蘇東坡所書。

不方便的金屬貨幣

在紙幣出現之前，金、銀等貴重金屬貨幣大多作為寶貴的財富貯（ㄓㄨˇ）藏，以及在外貿中使用，各地流通的貨幣多是銅錢和鐵錢。金屬貨幣的缺點是分量重、價值低。當時，一匹羅價值兩萬錢，而四川的兩萬鐵錢大約有130斤重。如果商人要大量購買這種絲織品，就需要攜帶大量鐵錢，非常不方便。

在宋朝以前，1000枚銅錢為一貫。宋朝時實行「省陌」，也就是77枚銅錢當100錢使用，一貫錢也就是770枚銅錢。

宋朝的一貫錢

紙幣出現了

在這種情況下，北宋時在四川率先產生了紙幣——交子。交子是一種信用貨幣，它在一定程度上代替了銅、鐵錢幣，人們只要使用一張帶有面值的輕薄紙幣就可以買到等值的商品。

政府看到了交子的好處，就接管了交子的印刷和發行，成立了交子務，發行面值五百文到十貫的紙幣。從此，方便的紙幣開始在各地流通，中國也成為世界上第一個使用紙幣的國家（比歐美國家早了600多年）。

後來，政府盲目增加紙幣的發行量，造成通貨膨脹，紙幣貶值。紙幣的名稱也換來換去，相繼出現過引錢、會子、關子等。

一起來看看古代的紙幣都長什麼樣子吧！

繁華的運河碼頭

今天的北京在元朝時稱作大都，是元朝的首都。元朝時的大都和泉州、杭州都是當時的大城市。大都城中居住著大約五十萬人，是當時世界上最大的城市，也是當時最繁華的商業中心。

最熱鬧的商業區

元大都最繁華的地方是位於鐘樓、鼓樓和積水潭一帶的商業區。積水潭在元朝叫做「海子」，是運河漕運的總碼頭。在這裡，每天運送糧食的漕船和商船連綿不絕，全國的物產和珍寶都被運送到皇城邊，各國商人也都匯集到這裡，積水潭成為大都最熱鬧的商業區。

馬可·波羅

沿河而來的南方糧食

龐大的首都需要大量的糧食供應，為了解決吃飯問題，皇帝就讓官員從南方運輸糧食。而以牛馬拉車的方式運送糧食，耗時較長。因此，人們選擇了快捷的海運和河運。但要透過海運將南方的糧食運到大都，船需要先航行到大都附近的港口，再用牛車、馬車把糧食運到大都，整個過程費時費力。同樣，河運糧食的漕船需要從杭州繞道洛陽，才能到達通州，整個過程也非常耗時。

後來，元代的大科學家郭守敬經考察後，開始改造大運河。他先後開鑿了通惠河、會通河、濟州河，將大都與杭州之間的航線縮短了900多公里。從此，南方的糧食和商品透過大運河被源源不斷地輸送到了大都，使大都成為當時世界上最繁華的商業中心。

皇家洗象池

暹羅、緬甸等國曾向元朝進貢大象，作為宮廷觀賞和儀仗使用。馴養員經常帶領大象在積水潭中洗浴，因此，積水潭又是皇家的洗象池。

搬家

瓷器鋪

外國商人

外國人在大都

繁華的元大都吸引了很多外國商人和使者，他們經由海上絲綢之路和陸上絲綢之路來到大都，在這裡經商、生活。有些外國人還擔任官職，成為元朝的官員，著名的旅行家馬可·波羅就是其中一員。

漕船

元朝的紙幣

元世祖忽必烈即位後制定了統一的紙幣制度，開始發行紙幣。元朝的紙幣被稱為「鈔」，是元朝最重要的貨幣之一。

中統元寶交鈔

被禁止的海上貿易

明朝初期，中國沿海的港口往來的船舶寥寥無幾。原來，朱元璋建立明朝後，沿海地區依然存在著元末農民起義領袖張士誠、方國珍等的殘餘勢力，他們經常襲擾居民。同時，日本的一些無業遊民和武士組成的倭寇，也常到中國沿海各地搶掠，使百姓苦不堪言。

嚴管海上的大門

朱元璋認為，除了大力圍剿倭寇，還要嚴管海上的大門，嚴控船舶來往貿易才能徹底消滅倭寇和亂黨。因此，明朝開始實行海禁政策，要求「寸板不許下海」。沒有了船舶來往，沿海地區的港口自然也變得冷清起來。

皇帝的海禁政策並沒有消除倭患，反倒使明朝的海外貿易不斷衰落。到了明朝中期，倭寇的活動更加猖獗，他們組成上萬人的犯罪集團，在中國沿海各地燒殺搶掠，所到之處皆成廢墟。這時出現了戚繼光、俞大猷（一ㄡ／）等抗倭名將，他們領導軍民英勇奮戰，才把倭寇趕出了中國領土，平息了倭患。

沈萬三

沈萬三，元末明初的大富翁。早年靠海外貿易積攢了大量財富，成為富可敵國的人。由於他實在是太富有了，以致民間傳說他有一個能不斷生財的聚寶盆。當他聽說朱元璋準備修建南京城時，就自己出資，幫朱元璋修建了三分之一的城牆。他為了巴結皇帝，還準備替天子犒勞軍隊，結果引起朱元璋的不滿，以至於差點殺掉他。後來，皇帝隨便找了個藉口，把他發配到了雲南。

明朝的「連鎖超市」

孫春陽是明朝的一位商人，在萬曆年間創辦了孫春陽南貨鋪，售賣各種貨物。這間商鋪與我們今天的超市很像，商品分類擺放，分為六房，分別是南北貨房、醬貨房、醃臘房、蜜餞房、海貨房和蠟燭房。顧客看上了哪種商品，就到櫃檯上交錢，領取提貨單就可以到各房提取商品了。到了清朝，孫春陽南貨鋪已經成為馳名蘇州的「連鎖超市」了。

牙人和牙行

明朝銀錠 →

元朝銀錠

牙人是從事買賣的中間人，也就是仲介。最早的牙人叫做駔（ㄗㄤˇ）儈（ㄎㄨㄞˋ），是專門說合牛馬交易的中間人。牙行是牙人組成的商行，專門經營仲介業務，聯繫買方、賣方，促成雙方交易，從中間收取傭金。明朝時，牙行分為官牙和私牙。不過，想要成為牙人或開設牙行可不容易，首先要有一定的資本，符合條件的才能向朝廷申請「營業執照」，而且每年都要進行嚴格的審查。

銀元寶

由於明朝時紙幣越來越多，並開始貶值，白銀越來越受到人們的歡迎，於是皇帝一度下令禁用白銀。1436年，明英宗取消了這條禁令，從此，白銀成為官方的正式貨幣。古人使用的銀子有銀錠和碎銀，元朝銀錠被稱為元寶，因此，後來的人們也把金錠叫金元寶，銀錠叫銀元寶。

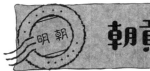

朝貢是門生意

明初，朝廷雖然禁止了民間的對外貿易，但允許官方經營「朝貢貿易」。朝貢貿易又叫「勘合貿易」，是以朝見明朝皇帝，為皇帝進貢禮品的名義進行的貿易活動。外國如果想與中國通商，就必須接受明朝的冊封，承認與明朝的藩屬關係。而那些看到巨大利益的國家主要關心的就是拿到明朝的勘合證書，銷售他們的商品，賺取中國的金銀。

外國使船

獅子

賠本的朝貢貿易

這些國家就算與明朝成為藩屬關係，但要想進行貿易，還是有很多限制。一般外國使船來華時，要核對勘合，沒有勘合的會被認為是假冒的使船，從而被拒絕入境。而有勘合證書的使船進入指定的港口後，使者會被護送到京城，被安排到接待外賓的「會同館」。隨後使者獻上所帶來的貢品，一般是宮廷最喜愛的香料、珠寶和珍禽異獸。

朝廷收到貢品後，會賞賜高出貢品價值多倍的絲綢、瓷器和金銀等禮品。因此，各國每次朝貢都會大撈一筆。當然，各國使者並不滿足於皇帝的大量賞賜，他們的船舶還附帶了很多銷往民間的商品，這部分商品又可以賺取大量金銀。明朝這種薄來厚往的朝貢貿易，不但不能從中獲利，反而還花費了大量迎來送往的費用。

朝貢的船舶和一些商船大量出現，再次使港口熱鬧起來。不過，這種寬鬆的政策只是曇花一現，1523年，不安分的日本人製造了「爭貢事件」，使朝廷又取消了市舶司，並再次加強海禁。

長頸鹿

長頸鹿

朱棣

鴕鳥

外國使節

豹子

長頸鹿

長頸鹿在明朝被當作麒麟供養。

鄭和的寶船

鄭和下西洋

　　值得一提的是，明朝時的航海和造船能力達到了世界的領先水準。到了永樂、宣德年間，朝廷也逐漸放鬆了海禁。1405年至1433年，鄭和率領船隊先後7次遠航，足跡遍布亞非30多個國家。鄭和下西洋不僅把中國的特產帶到世界各地，讓世界認識了中國，同時也吸引了大量沿途的國家來中國朝貢。

清朝 關閉大門

清朝定都北京後，經過休養生息，中國終於步入了盛世。農業、手工業的發展使清朝的商業繁榮起來，同時也引來了外國商人貪婪的目光。

海禁的解除

清初時，朝廷為了應對抗清殘餘勢力，學習明朝實行海禁，關閉中國的大門，不許片帆入港。直到1683年，清政府收回了臺灣，才解除了海禁，並於1684年在廣州、廈門、寧波和上海設立海關，管理來往的商船。從此以後，越來越多的商船來到中國。

1755年，英國的商船裝上了十尊大炮，不按規定在廣州停靠，反而駛到寧波登陸，這引起了清政府的警覺。兩年後清政府撤銷了廈門、寧波和上海三處通商口岸，只保留了廣州一處口岸，對外貿易由廣州十三行管理。

清朝的鈔票

白銀、銅錢和紙幣是清朝的主要貨幣。清朝早期，白銀和銅錢為主要貨幣。後來，外國的銀圓不斷流入，百姓們便喜歡上了銀圓，清政府也開始發行銀圓，後來開始使用機器鑄造銅錢和銀圓。清朝的紙幣有寶鈔和官票等，這兩種紙幣合稱「鈔票」，這就是「鈔票」一詞的由來。1897年，清政府批准設立中國通商銀行，發行了新式鈔票。

銅錢

銀圓

戶部官票

大清寶鈔

通商銀行發行的紙幣

清朝銀錠

廣州十三行

廣州十三行是經官府批准的代理對外貿易的中間商。廣州十三行壟斷了對外貿易，權力很大，不但要為外商代繳關稅、代購內地商品、銷售外商的商品，還要管理外國商人的生活行動，就連外商雇用員工都需要透過十三行介紹。

無恥的列強

　　英國人看到白銀不斷流入中國，便想到了一個無恥的點子，向中國走私令人上癮的毒品——鴉片。自從鴉片來到中國，不僅使中國的白銀大量外流，更荼毒中國百姓。1839年6月，林則徐實行禁菸運動，在虎門銷毀大量鴉片，封閉廣州口岸。氣急敗壞的英國人發動了鴉片戰爭，迫使清政府簽訂了《南京條約》，要求清政府賠款，並開放廣州、福州等五個通商口岸等。隨著其他口岸的開放，廣州十三行壟斷對外貿易的特權也被取消，隨後逐漸沒落。

海關

　　海關是管理海上對外貿易事務、收取關稅的行政單位，最早叫市舶司。1684年，康熙帝解除海禁，開放廣州、廈門、寧波、上海四港，並首次設立海關，沿用至今。

粵海關船牌

　　入關船舶交完稅後，可獲取船牌，也就是船舶通行證。

當時的世界首富

　　伍秉鑒是廣州十三行之一怡和行的掌門人，他依靠和外國人做茶葉、瓷器和絲綢生意賺取了大量財富。據說他的財產高達2600萬兩白銀，這使他成為當時富可敵國的「世界首富」。

西方人也愛飲茶

　　茶葉是中國特有的飲品，也是出口的大宗商品，16世紀就已經傳入歐洲。17世紀，歐洲人認為茶葉有治療疾病的功效，茶葉因此成為一種珍貴的飲品，只有富人才買得起。18世紀，茶葉已經在英國各地流行，上至王公貴族，下至平民百姓，都開始飲茶。這時的英國人還養成了喝下午茶的習慣。從此，茶葉成為歐洲人日常的飲品。

走，一起逛廟會

廟最早是祭祀祖先的地方，後來成為人們供奉神佛的地方。看到來廟宇的信徒、遊客越來越多，聰明的商人自然不會放過這發財的好機會，於是就在廟宇周邊擺攤設點，做起了生意，漸漸形成了以寺院、廟宇和道觀為中心的臨時交易市場，進而就有了廟會。

定時舉辦廟會

後來廟會有了固定的時間，售賣的商品五花八門，越來越豐富。每當到了會期，人們就會從四面八方趕來，於是有了趕會和趕廟的說法。廟會不僅是交易商品的地點，也是人們休閒遊樂的好去處。有的廟會不僅有戲曲和雜技等表演項目，還出售各類美食，因此，廟會也是城市和鄉村最熱鬧的地方。

去老北京的廟會走一走，看看大家都在賣什麼呢？

賣風箏

賣雜貨

賣紅果

賣兔兒爺

老北京的廟會

明清時期，城鄉的廟會越來越多，僅清末北京的廟會地點就有幾十處，一年當中，幾乎天天都有廟會舉行。老北京最熱鬧的廟會當數隆福寺、護國寺、白塔寺、土地廟和花市火神廟這五處了，它們被稱為老北京的「五大廟會」。

隆福寺廟會是五大廟會中最盛大的一個。廟會期間，廟裡廟外會擺上各種商攤，不僅有賣布匹、絲綢的，還有賣古玩字畫的，更有賣各種小吃的，如灌腸、豆汁、大碗茶、餛飩、麵茶和吊爐燒餅等；還有些賣藝的場子，如摔跤、雙簧和相聲等。因此，熱鬧的隆福寺廟會也被譽為「諸市之冠」。

老北京的「招牌」

在古代，商家為了招攬更多顧客，宣傳自己的產品和店鋪，發明了廣告。唐宋時期，中國的廣告形式十分豐富，除了吆（一ㄠ）喝（‧ㄏㄜ）式的叫賣廣告，還有招牌、幌（ㄏㄨㄤˇ）子、燈箱等，甚至還出現了刻版印刷廣告。

最早的商標廣告

宋朝時，有一家賣針的店鋪設計了一隻搗藥的小白兔作為店鋪的商標，並印刷成廣告分發。博物館中珍藏的「濟南劉家功夫針鋪」青銅版就是這家針鋪用於印刷廣告的雕版。這張廣告在小白兔兩側還注明了「認門前白兔兒為記」字樣，為的是提醒顧客要認準小白兔的標記，以免買到假貨。

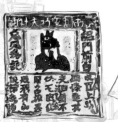

招牌

招牌是寫有店名、字號等文字的牌匾，一般被懸掛在店鋪的門額、柱子或牆壁上。

幌子

幌子是店鋪所屬行業的標誌，一般以實物、模型、圖畫和文字等懸掛在店鋪門外。

有意思的幌子

清朝時，商家非常注重自己的品牌形象，熱衷於為店鋪設計與眾不同的幌子和招牌。老北京商鋪的幌子特別有意思。酒鋪會用裝酒的葫蘆和酒罈的模型做幌子，這樣人們一眼就能認出來這是間酒鋪。襪子鋪門前會掛上用特大號的襪子做的幌子，哪怕是不識字的人也能認出這是間襪子店。出售舊衣服的估衣鋪會用一件衣服做幌子，人們從很遠就能認出這是間估衣鋪。

古人存錢有辦法

在今天，我們有方便的銀行，平日用不到的錢會存到銀行，這樣既安全又能獲得利息。那麼，古人是怎樣存錢的呢？早在秦漢時，古人就發明了陶製的存錢罐，叫做「撲滿」。這種存錢罐上只留一條投放銅錢的小口，裝滿後就可以存放起來了，等到用錢時再敲碎罐子，取出銅錢。2000多年前的古滇國，人們依然使用貝幣，並且喜歡將貝幣放入「貯貝器」裡。

梁上君子

除此之外，古人還會將金銀財寶埋在地下，藏到牆壁裡或房梁上。古代的小偷最了解人們藏錢的習慣，因此常會爬到房梁上偷盜錢財，後來人們就用「梁上君子」代稱小偷。

最早的存錢罐撲滿

貯貝器

飛錢和櫃坊

　　古代人若要到很遠的地方經商，就要攜帶大量金錢，非常不方便。到了唐朝，便出現了飛錢和櫃坊。

　　飛錢是一種兌換券。商人只要把錢交給各地區的在京機構，就可以換取一張寫著金額的兌換券，商人只需攜帶兌換券就可以在異地換到相應數額的錢幣了。櫃坊是人們存放錢財和借貸的地方，用存錢的憑證就可以取錢，是銀行最早的雛形。

從錢莊到銀行

　　明清時期，錢莊成為人們存錢和兌換貨幣的主要場所。清朝時出現了票號，是供人們存款、借貸和匯兌的連鎖金融機構。人們只要將錢放入票號，就可以帶著票據到全國任何有該家票號的地方取錢。到了清朝晚期，貪婪的外商率先在中國開設了銀行。

　　1897年，第一家由中國人自辦的銀行在上海開業。到了民國，銀行遍布各個城市。自從有了銀行，人們開始選擇銀行來辦理存錢、取錢等金融業務，錢莊、票號逐漸沒落。

和珅的贓款

　　清朝的大貪官和珅曾將貪污的巨額金銀藏在牆壁中。

中國通商銀行

　　1897年開業，是第一家中國人自辦的銀行。

首席顧問

馮天瑜｜中國教育部社會科學委員會委員、武漢大學人文社會科學資深教授、中國文化史學家

學術指導

燕海鳴｜中國文化遺產研究院副研究員、中國古蹟遺址保護協會祕書處主任

劉滌宇｜同濟大學建築系副教授

范佳翎｜首都師範大學歷史學院考古學與博物館學系講師

陳詩宇｜@揚眉劍舞 《國家寶藏》服飾顧問、知名服飾史研究學者

朱興發｜北大附中石景山學校歷史教師

閱讀推廣大使

張鵬｜朋朋哥哥、青少年博物館教育專家

米萊童書

　　米萊童書是由多位資深童書編輯、插畫家組成的原創童書研發平臺，該團隊曾多次獲得「中國好書」、「桂冠童書」、「出版原動力」等大獎，是中國新聞出版業科技與標準重點實驗室（跨領域綜合方向）公布的「中國青少年科普內容研發與推廣基地」。致力於在傳統童書的基礎上，對閱讀產品進行內容與形式的升級迭代，開發一流的原創童書作品，使其更加符合青少年的閱讀需求與學習需求。

原創團隊

策劃人：劉潤東、王丹

創作編輯：劉彥朋

繪畫組：石子兒、楊靜、翁衛、徐燁

美術設計：劉雅寧、張立佳、孔繁國

國家圖書館出版品預行編目資料

圖解中國史—商貿的故事—／米萊
童書著. – 初版. – 臺北市：臺灣東
販股份有限公司, 2022.06-
64面；17×23.5公分
ISBN 978-626-329-228-4（精裝）

1.CST：商業史 2.CST：通俗史話
3.CST：中國

490.92   111005732

本書簡體書名為《图解少年中國史》原書號：
978-7-121-40993-6透過四川文智立心傳媒有限
公司代理，經電子工業出版社有限公司授權，
同意由台灣東販股份有限公司在全球獨家出
版、發行中文繁體字版本。非經書面同意，不
得以任何形式任意重製、轉載。

圖解中國史
—商貿的故事—

2022年6月1日初版第一刷發行

著、繪者　　米萊童書
主　　編　　陳其衍
美術編輯　　寶元玉
發 行 人　　南部裕
發 行 所　　台灣東販股份有限公司
　　　　　　＜地址＞台北市南京東路4段130號2F-1
　　　　　　＜電話＞(02)2577-8878
　　　　　　＜傳真＞(02)2577-8896
　　　　　　＜網址＞www.tohan.com.tw
郵撥帳號　　1405049-4
法律顧問　　蕭雄淋律師
總 經 銷　　聯合發行股份有限公司
　　　　　　＜電話＞(02)2917-8022

著作權所有，禁止翻印轉載
Printed in Taiwan
購買本書者，如遇缺頁或裝訂錯誤，
請寄回更換（海外地區除外）。